RAPPORT

SUR L'ÉTAT SANITAIRE ET MÉDICAL

DES TRAVAILLEURS ET DES ÉTABLISSEMENTS

Du Canal maritime de l'Isthme de Suez

Du 1er juin 1866 au 1er juin 1867

PAR LE DOCTEUR L. AUBERT-ROCHE

Médecin en chef de la Compagnie.

PARIS

IMPRIMERIE CENTRALE DES CHEMINS DE FER

A. CHAIX ET Cie

RUE BERGÈRE, 20, PRÈS DU BOULEVARD MONTMARTRE

1867

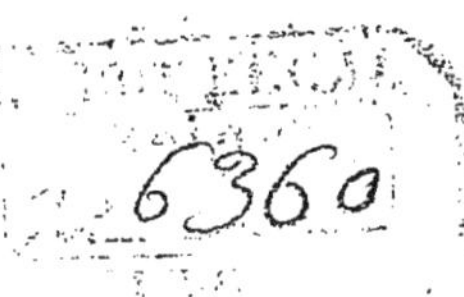

RAPPORT

SUR L'ÉTAT SANITAIRE ET MÉDICAL

DES TRAVAILLEURS ET DES ÉTABLISSEMENTS

Du Canal maritime de l'Isthme de Suez

Du 1er juin 1866 au 1er juin 1867

PAR LE DOCTEUR L. AUBERT-ROCHE

Médecin en chef de la Compagnie.

PARIS
IMPRIMERIE CENTRALE DES CHEMINS DE FER
A. CHAIX ET Cie
RUE BERGÈRE, 20, PRÈS DU BOULEVARD MONTMARTRE
1867

RAPPORT

SUR

L'ÉTAT SANITAIRE ET MÉDICAL

DES TRAVAILLEURS

ET

Des Établissements du Canal maritime de l'Isthme de Suez

du 1er juin 1866 au 1er juin 1867.

A M. Ferd. de Lesseps, président-directeur de la Compagnie universelle du canal maritime de Suez.

Alexandrie, le 1er juillet 1867.

ÉTAT SANITAIRE GÉNÉRAL DE L'ISTHME.

La santé dans l'isthme est revenue à son état normal. L'année dernière, par suite de l'épidémie de choléra et de la constitution médicale qui en a été la conséquence, la santé avait été fortement atteinte : la fièvre algide, résultat du choléra, frappait çà et là sur nos chantiers. Aujourd'hui tout a disparu, et l'état sanitaire de l'isthme est le même qu'avant l'épidémie, c'est-à-dire meilleur qu'en France.

Les faits que j'avais signalés comme pouvant faire courir un danger à la santé se sont coordonnés; tout péril a cessé, grâce à la liberté et au travail. Aussi l'augmentation rapide de la population, qui, de 10,000 âmes, était montée l'année dernière à 18,000, et qui, cette année, est de 25,770, nous avait d'abord inspiré des appréhensions : les habitations manquaient; on ne pouvait suivre dans les constructions les progrès de la population ; l'encombrement était à craindre. Qu'allait-il se passer parmi ces individus venus de tous les pays, de mœurs et de langages différents ?

Les mesures prises par la Compagnie et les entrepreneurs pour mettre les travailleurs dans les meilleures conditions possibles d'habitation; la quantité de marchands qui s'établissaient dans l'isthme, et par suite le développement du commerce; les économies, les bénéfices qu'il fallait placer et faire fructifier; l'activité des travaux, tout est venu concourir au bien-être général, et les causes qui menaçaient la santé ont, au contraire, tourné à son profit. La liberté, dont nous redoutions les conséquences pour la santé publique, nous a prouvé une fois de plus qu'elle porte dans son sein les moyens de régulariser son action, et qu'elle est, comme le vieux Dieu de l'Égypte, le Dieu unique des sanctuaires pharaoniques, accomplissant toutes choses avec intelligence, art, sagesse et bonté.

Au point de vue de la santé en général, il s'est passé plusieurs faits qui méritent d'être signalés par rapport aux conséquences dans l'avenir.

Sur quelques chantiers, entre autres à El-Guisr,

nous avons eu des fièvres intermittentes simples et quelques cas de fièvres pernicieuses. Jusqu'à présent l'isthme avait été exempt de cette maladie; mais cette année les fièvres ont été assez fréquentes, et revêtaient le caractère paludéen, sans être d'ailleurs ni dangereuses, ni tenaces; elles cédaient très-facilement. Il y a eu comme une influence générale paludéenne. Il serait difficile d'attribuer cette influence, soit aux localités, soit aux terrains; ils n'ont pas changé. Quant aux travaux, ils sont les mêmes depuis sept ans, et n'ont jamais causé de fièvres intermittentes, même dans de plus mauvaises conditions. C'est donc ailleurs que dans l'isthme qu'il faut chercher la cause génératrice de ces fièvres.

On a remarqué que souvent dans l'Inde, lorsqu'une épidémie violente de choléra avait existé, il régnait l'année suivante une constitution médicale qui se traduisait par des cas de fièvre algide parfois assez nombreux, puis des cas de fièvre pernicieuse se manifestaient, et enfin apparaissaient des fièvres intermittentes simples : c'était la fin de la période que l'on pourrait appeler cholérique.

Or, le même fait vient de se passer dans l'isthme. L'année dernière, lorsque nous vîmes les cas de fièvre algide diminuer et des cas de fièvre pernicieuse se manifester conjointement avec des fièvres intermittentes simples, nous regardâmes ces fièvres comme la suite de l'épidémie, comme sa terminaison radicale et le symptôme du retour de la santé publique à son état normal.

Aujourd'hui ces fièvres ont entièrement disparu.

Ce fait est d'une haute importance, en ce sens

qu'il indique l'origine paludéenne du choléra. On sait que cette maladie naît sur les bords du Gange et de ses affluents qui forment de vastes marais, où s'accumulent des masses de matières animales et végétales; que ces marais n'ont fait qu'augmenter depuis la fin du siècle dernier, et avec eux la quantité plus grande de miasmes. De temps à autre ces masses gazeuses de matières délétères se mettent en marche, poussées par les courants aériens, et, suivant une certaine direction, ravagent les pays qu'ils traversent. — Les lazarets, les quarantaines sont impuissants pour arrêter ces invasions. — Or, l'isthme se trouve sur une de ces routes; nous avons donc intérêt à bien observer tout ce qui concerne le choléra, afin d'empêcher l'installation sur le canal de Suez ou dans la mer Rouge, sous prétexte de choléra, d'obstacles à la libre navigation, aux relations des peuples et aux intérêts de la Compagnie. Nous devons veiller à ce que l'on ne vienne pas établir sur lés bords du canal des foyers d'infection et compromettre l'état sanitaire de l'isthme revenu à son état normal.

Une autre question fort grave, et qui intéresse vivement la santé de l'isthme, a été soulevée par suite de cas assez nombreux de petite vérole qui ont eu lieu d'abord à Suez, puis dans l'isthme, et surtout au Serapeum et à Ismaïlia.

Cette maladie, qui aujourd'hui a cessé, a été importée à Suez par des esclaves venant de Djedda ou des côtes d'Afrique. Malgré les ordres les plus sévères donnés par le gouvernement égyptien, ce triste commerce se fait toujours clandestinement. Ces malheureux sont amenés sur des bateaux arabes, tout ce qu'il y a de plus infect; n'étant pas vaccinés et venant de pays où la variole est en permanence, ils la transportent à Suez et de là en Égypte. Lorsque la variole se manifeste épidémiquement, on constate presque toujours qu'elle arrive de la mer Rouge; on lui donne même le nom de petite vérole noire par rapport à sa malignité.

Le véritable préservatif contre cette redoutable maladie, c'est le vaccin; malheureusement dans les pays orientaux bien des individus ne sont pas vaccinés, surtout parmi les noirs et les populations de la mer Rouge. Si une maladie est contagieuse, c'est bien la variole. Comme on ne peut faire vacciner tout le monde, les mesures les plus sévères doivent être prises contre le commerce des esclaves, contre tout arrivage, soit par mer, soit par terre, lorsqu'il y a des noirs. L'esclave est une marchandise facile à reconnaître, et lors même qu'on n'en a pas la preuve, on peut toujours constater si l'individu a été vacciné ou non, et, dans tous les cas, le soumettre à l'inoculation.

Si cette maladie restait confinée parmi les noirs qui l'apportent, si elle ne frappait qu'isolément les personnes qui ont négligé de se faire vacciner, elle rentrerait dans le cadre ordinaire des maladies; mais la variole peut devenir facilement épidémique, infecter nos chantiers, c'est à ce titre qu'elle mérite une attention toute spéciale; de plus, cette variole, importée de son berceau primitif, peut atteindre des personnes mêmes vaccinées et causer des pertes bien tristes et bien douloureuses.

Les maladies venant du dehors sont pour le service de santé un grand sujet de préoccupations. C'est qu'en effet nous n'en sommes pas les maîtres; souvent, bien que toujours prêts, il est difficile de les repousser : c'est un ennemi qui fond sur vous à l'improviste. Quant aux maladies inhérentes au climat, aux localités, aux travaux et au genre de vie des individus, nous sommes, on peut dire, sur notre terrain : nous pouvons à l'avance combattre les causes morbides ou du moins les indiquer, les amoindrir; arriver ainsi à prévenir les maladies graves et à n'avoir plus affaire qu'à des indispositions. Conserver la santé, prévenir la maladie, la guérir, telle est la direction imprimée au service de santé de l'isthme et le but de tous ses efforts.

Sommes-nous parvenus à un résultat? Pour certaines maladies et, entre autres, pour la dyssenterie, nous sommes arrivés à la voir sévir avec moins de fréquence et avec moins d'intensité; il en est de même pour les maladies de foie; elles deviennent de plus en plus rares. Les ophthalmies ont diminué considérablement. Les conseils et les avis des médecins sont plus écoutés, plus recherchés. On commence à comprendre que le médecin est un ministre de la santé et, outre son devoir, que son intérêt est identique à celui de la population et des malades.

Ce qui prouve que nous sommes dans la bonne voie, c'est que le chiffre des consultations et des visites à domicile est énorme comparativement au chiffre des malades; il est juste de dire que, le service étant gratuit, on en use sans réserve, parfois même sans discrétion.

Par rapport à la santé, les travaux principaux effectués cette année présentent un grand intérêt.

10,051,160 mètres cubes ont été enlevés, soit à sec, soit par les dragues, et ont assuré la navigation dans le canal maritime de Port-Saïd au Serapeum.

A Port-Saïd, le port a été creusé et livré au commerce, des bâtiments de 1,200 tonneaux peuvent y entrer. 79,650 mètres cubes de pierres ont été fabriqués et jetés à la mer; la digue qui abrite l'entrée du port dépasse 2,000 mètres.

A Ismaïlia, le lac Timsah a été rempli et forme un vaste port intérieur. Le canal d'eau douce a été curé, une chaîne de touage et des toueurs sont installés sur tout son parcours.

Les voyageurs transportés par des vapeurs ou des barques couvertes vont de Port-Saïd à Suez par eau en deux jours, ou en vingt-quatre heures s'ils sont pressés; les marchandises, en quatre ou cinq jours.

Les temps sont loin où nous mettions six ou sept jours à faire le même trajet à dromadaire, et les marchandises ou approvisionnements quinze jours.

Ces travaux exécutés, ces services organisés qui permettent de transporter les hommes sans fatigue et les objets plus rapidement, qui rendent les approvisionnements plus faciles, augmentent nécessairement le bien-être de la population; aussi leur influence sur la santé publique et particulière a été très-sensible.

En résumé, l'état sanitaire général de l'isthme est des plus satisfaisants. Cette année, malgré les atteintes venues du dehors, et qui ont disparu, la santé a toujours été en s'améliorant. Les maladies graves sont devenues de plus en plus rares et guérissent plus facilement, c'est l'avis général des médecins dans l'isthme. Du reste, les chiffres de la mortalité et de la population sont là comme preuve et comme moyen de conviction.

POPULATION ET MORTALITÉ.

Ce qui démontre mieux que les paroles l'état sanitaire d'un pays ce sont les chiffres de la mortalité mis en rapport avec les chiffres de la population : on sait de suite à quoi s'en tenir.

La population de l'ithsme est, d'après nos recherches, de 25,770 âmes : hommes, femmes et enfants, européens ou arabes; nous croyons même que ce chiffre est au-dessous de la vérité, car, à part une partie de la population qui est réellement sédentaire, une autre partie résidant dans l'isthme est mobile, court les chantiers, va et vient selon les besoins du travail ou selon le caprice des individus.

Les Egyptiens, les Arabes et les Grecs forment le fond de la population; après eux viennent les Français, les Autrichiens et les Italiens.

Le chiffre de la population se décompose comme il suit :

Race blanche.

Européens, Turcs, Grecs, rayas et autres employés, ouvriers et marchands sédentaires :

Hommes	10.690
Femmes et enfants	1.438
Population flottante	1.026
Total	13.154

Race arabe et noire.

Égyptiens, Arabes, Barbarins et noirs, employés, ouvriers et marchands sédentaires :

Hommes............................	8.338
Femmes et enfants	3.747
Population flottante...................	531
Total...........	12.616

Total général : 25,770.

En regard de ces chiffres de la population, nous mettrons les chiffres de la mortalité par les maladies. Nous pouvons en garantir l'exactitude.

Race blanche. — Sédentaires, hommes :
Mortalité, 197; population, 10,690.
Proportion, 1.85 pour cent.

Race arabe et noire. — Sédentaires, hommes :
Mortalité, 119; population, 8,338.
Proportion, 1.42 pour cent.

Races réunies. — Sédentaires, hommes :
Mortalité, 316; population, 19,028.
Proportion, 1.66 pour cent.

Races réunies. — Sédentaires, hommes, femmes et enfants :
Mortalité, 447; population, 24,313.
Proportion, 1.85 pour cent.

La mortalité en France est de 2.40 pour cent.

Nous n'avons rien à ajouter à ces chiffres éloquents.

ÉTAT SANITAIRE PARTICULIER.

Circonscriptions médicales.

L'isthme est un grand chantier qui s'étend de la Méditerranée à la mer Rouge, sur une longueur de 160 kilomètres et que nous avons divisé, comme on l'a vu dans nos précédents rapports, en sept circonscriptions médicales ayant chacune leurs médecins, pharmaciens et un hôpital. Ce service complétement organisé se trouve en rapport avec les chantiers des travailleurs.

L'action du service de santé s'exerce donc sur une population de 25,770 individus, et sur une ligne de 160 kilomètres où se trouvent des villes, des villages, des campements, des ports, des arsenaux, des ateliers, des magasins, etc., enfin tout ce qui constitue l'exécution d'un grand travail et l'installation définitive d'une grande population.

Nous allons donc passer en revue chacune des circonscriptions médicales en énumérant les faits nouveaux et particuliers qui se sont produits au milieu d'elles et qui intéressent la santé.

Circonscription de Port-Saïd.

La ville de Port-Saïd a pris cette année une grande extension par suite de l'ouverture de son port intérieur au commerce, des travaux de la jetée et du creusement de ses bassins, ce qui a permis aux navires de venir ancrer jusqu'au milieu de la ville. Les paquebots de la Compagnie russe, de la maison Frayssinet et des Messageries impériales y ont successivement établi un service régulier venant de tous les points de la Méditerranée. Aussi les denrées, les objets d'approvisionnement abondent : d'un côté, la Syrie, la Caramanie, les îles de la Grèce, la Turquie et la Russie ; de l'autre, la France directement, l'Autriche et l'Italie par Alexandrie, versent à Port-Saïd et dans l'isthme toutes sortes de produits, même des fruits et des légumes frais. La santé et le bien-être s'en ressentent évidemment.

Les habitations ont pris un accroissement assez rapide, de nouvelles maisons construites par des particuliers s'élèvent, cependant pas assez vite pour suivre le mouvement de la population, ce qui cause l'encombrement et force souvent des individus à coucher en plein air. C'est une des causes principales des maladies, le motif des réclamations et des plaintes du service de santé. Souvent on ne sait où loger les ouvriers, les nouveaux arrivants, qui viennent chercher de l'ouvrage, et ces individus ont à peine de quoi manger ; ils arrivent la plupart du temps avec une santé déjà délabrée par suite de privations ou d'excès ; cette population est celle qui donne le plus de malades, elle abonde aux consultations et menace d'envahir nos hôpitaux.

Nous avons plusieurs fois appelé l'attention de M. le président sur cette position. C'est avec peine que le service de santé ne peut recevoir tous les malades étrangers à la Compagnie et à l'entreprise, les hôpitaux étant pleins. Ces bâtiments ont été construits surtout pour les travailleurs employés dans l'isthme. Si Port-Saïd continue à prendre de l'extension avec le développement du commerce, l'arrivage des marins, la population ne fera que s'accroître, un hôpital européen deviendra indispensable.

Le remblayage des terrains de la ville et le nivellement du sol que nous avons réclamé avec tant d'instance continuent à s'effectuer. Au fur et à mesure qu'ils s'avancent on voit diminuer les causes d'insalubrité. Lorsque Port-Saïd aura ses terrains nivelés, ses maisons bien bâties avec son gaz, ses eaux, etc., ce sera une belle ville. Avec un bon système d'égouts et de fosses d'aisance, Port-Saïd sera une des villes les plus salubres de la Méditerranée. Sur ce dernier point nous ne sommes pas encore arrivés à la perfection : il serait à désirer que les eaux ménagères trouvassent un écoulement au lieu d'imprégner le sol, et que les fosses d'aisances fussent plus nombreuses et construites de manière à ne laisser échapper aucune exhalaison.

Certains critiques regardent comme trop larges les quais et les rues de Port-Saïd ; les quais ont 50 mètres, les principales rues 30 mètres et les autres 15 mètres. Au point de vue de la spéculation, l'objection peut avoir de la valeur, mais au point de vue de la salubrité et de l'avenir, c'est une autre question : il ne faut pas oublier que Port-Saïd est destiné à devenir une grande ville de commerce ayant une circulation énorme et de hautes maisons.

Les rues et les quais ne peuvent donc être trop larges ; dans une ville orientale il faut que l'air circule, que des cloaques ne puissent se former ; les immondices ne s'accumulent que dans les rues étroites, c'est là où se trouvent les bouges, les foyers d'infection de toute nature. Il vaut mieux être forcé de prendre des mesures pour éviter l'action du soleil que de voir un beau jour le typhus, la peste ou toute autre maladie envahir la ville et y prendre domicile.

La question de l'alimentation et de l'eau qui naguère préoccupait si fort le service de santé n'est plus qu'une question de surveillance, surtout avec la liberté commerciale. Le public fait lui-même sa police. On ne s'occupe spécialement que de la santé des animaux qui doivent être abattus; la viande et le pain sont excellents. La boucherie et la boulangerie sont libres. Il y a des denrées de toutes les qualités, c'est une affaire de prix. Le vin se frelate difficilement dans les pays chauds, le marchand risque de le perdre dans le transport. Enfin l'ivrognerie devient de plus en plus rare.

Les fruits, les légumes, les denrées végétales fraîches arrivent de Jaffa, de Damiette et d'Alexandrie en assez grande abondance pour être transportés jusque dans l'intérienr de l'isthme. Il ne faut pas oublier que Port-Saïd est devenu le port d'arrivage et de ravitaillement de tout le canal même jusqu'à Suez.

Je ne parle pas du poisson qui est exquis et très-abondant. La classe que l'on peut appeler pauvre en fait son alimentation.

Quant à l'eau, elle est déjà assez abondante pour que quelques-uns cultivent des fleurs et des légumes; par rapport à sa qualité, il n'y a qu'à la nommer : c'est de l'eau du Nil.

Les maladies n'ont rien présenté de spécial. Le travail des dragues et des ateliers, les terrains remués et l'habitation sur les dragues dans le port et sur le canal jusqu'au delà de Ras-el-Ecke, où s'étend la limite de la circonscription, n'ont apporté aucune modification à la nature des maladies. Toutefois nous devons déclarer que sur les dragues et les chantiers il y a eu moins de malades et que les maladies ont présenté moins de gravité qu'en ville.

Nous sommes heureux en constatant les progrès de Port-Saïd de pouvoir affirmer le bon état de la santé.

Circonscription de Kantara.

Cette circonscription est par rapport à la santé de l'isthme le type de la stabilité. Depuis le jour où nous avons planté la première tente, le même état de choses s'est maintenu. La tente s'est transformée en maison, le canal s'est creusé, approfondi, élargi ; on a travaillé à sec, à l'humide, à bras d'hommes ou avec des dragues ; la vie est devenue plus facile, les denrées plus abondantes et de meilleure qualité, partout et dans tout le progrès s'est manifesté. La santé de Kantara est restée immuable, toujours excellente, pas plus de malades, pas plus de mortalité aujourd'hui qu'au premier jour. La mortalité n'a jamais dépassé 1.40 pour cent. Le choléra lui-même a respecté Kantara ; il est allé d'Ismaïlia à Port-Said sans s'y arrêter, et certes bien des fuyards y ont stationné.

Cette stabilité, à quoi peut-elle être due ? Ce n'est pas à l'isolement de cette station, qui est une des plus vivantes de l'isthme, le point de passage et de stationnement des caravanes qui vont d'Égypte en Syrie, le point de relâche entre Port-Saïd et Ismaïlia, c'est un va-et-vient continuel. On connaît la position de Kantara à l'extrémité sud du lac Menzaleh, au commencement du désert, sur des terrains peu élevés. — Rien donc ne peut justifier cette immunité, elle existe.

Les maladies qui règnent à Kantara sont les mêmes que dans le reste de l'isthme. Cependant les ophthalmies et les affections rhumatismales dominent dans son cadre nosologique et sont dues principalement à l'humidité, au coucher en plein air ou avec les fenêtres ouvertes pendant la nuit.

Comme toutes les années au moment de la crue du lac, il y a eu quelques accès de fièvre intermittente qui ont promptement disparu. Ces cas sont véritablement paludéens et locaux; aussi, à la même époque, il n'en existait pas ni à El-Guisr, ni dans le reste de l'isthme.

Circonscription de Mariam-El-Guisr.

Après Port-Saïd, cette circonscription a été celle

où les travaux ont été les plus actifs : 3,797,000 mètres cubes ont été enlevés, le canal élargi et approfondi; encore quelques mois, et ce fameux Seuil sera coupé dans toute la largeur voulue, son sol abaissé et mis de niveau avec la mer; il n'y aura plus qu'à faire jouer les dragues. Je ne parlerai pas de la salubrité du Seuil ; c'est le désert avec ses sables, un sol élevé de 19 mètres au-dessus du niveau des eaux de la Méditerranée, par conséquent rien qui puisse influer sur la santé.

Deux faits cependant se sont produits qui montrent combien sur nos travaux il faut surveiller l'emplacement des habitations, et comment, lorsqu'ils peuvent échapper à la surveillance, certains individus traitent les travailleurs.

Un des tâcherons de l'entrepreneur avait fait engager à Smyrne et ailleurs une certaine quantité d'ouvriers terrassiers georgiens et arméniens. Ceux-ci avaient été débarqués à Port-Saïd et conduits de là au Seuil. Déjà maladifs dans leur pays, ils avaient eu encore à souffrir en route, et par suite des exigences de leur conducteur s'imposer des privations ; ils étaient arrivés dans le plus mauvais état de santé. Au Seuil, à l'insu de la Compagnie et de l'entrepreneur, ils furent logés dans un hangar trop étroit, ils étaient mal nourris ; bientôt les effets de l'encombrement et de la misère se firent sentir : des indispositions, des fièvres et jusqu'à des cas de fièvre algide se manifestèrent avec rapidité et violence; en quelques jours plus de la moitié de ces hommes étaient alités.

Immédiatement le service de santé intervint, des

mesures furent prises, les maladies cessèrent et la santé revint.

L'autre fait est relatif à l'emplacement des habitations. Au chantier n° 5, là où le canal maritime fait une courbe pour entrer dans le lac Timsah, se trouve une vallée garantie des vents du nord par les hauteurs du Seuil. Les habitations de ce chantier avaient été placées au fond de cette vallée, et sur les bords du canal, par conséquent à l'abri des vents du nord. De toute la circonscription, c'est ce chantier qui proportionnellement a donné le plus de malades.

Par ces deux exemples on voit quelle attention on doit porter sur l'encombrement et sur l'installation des chantiers; mais le service de santé n'est pas toujours consulté à l'avance. Les exigences du travail, l'intérêt ou plutôt la cupidité des tâcherons, créent à l'insu tous ces foyers de maladies, qui par bonheur se dissipent très-facilement dans le désert.

Il n'y a rien à dire sur l'alimentation. Les approvisionnements sont aussi complets que possible; ils arrivent de tous côtés : de Port-Saïd, de la Syrie et de l'Égypte par Ismaïlia ; il y a des magasins bien fournis. On mange très-bien à El-Guisr. Cet endroit est même devenu, le dimanche, un lieu de promenade pour les habitants d'Ismaïlia.

Les travaux du Seuil ont-ils eu une influence sur la santé?

A part la question des accidents, inhérente au travail même par machines, locomotives et wagons, — encore sont-ils rares, — les travaux ne paraissent pas avoir modifié l'état sanitaire. J'ai parlé ailleurs des fièvres intermittentes qui se sont manifestées au commencement de cette année ; or, il n'y a rien de changé dans le Seuil; le sol est le même, sec et sablonneux. — Si les fièvres qui se sont montrées tenaient à la localité et aux travaux, pourquoi n'ont-elles pas apparu plutôt? — Il a été enlevé cette année dans la circonscription 3,779,000 mètres cubes; mais avant on en avait déjà enlevé 8,218,000 mètres. Est-ce qu'il y a eu des fièvres intermittentes au Serapeum, où, comme on le verra, les travaux sont très-actifs et où le sol est imprégné d'eau douce? Là, on aurait pu invoquer les causes paludéennes ; mais à El-Guisr, où rencontrer dans ce sol et ces terrains secs et arides le moindre miasme paludéen, une cause quelconque qui puisse l'enfanter? Aussi ma conviction profonde est que les fièvres que nous avons vues dans l'isthme ne sont que la suite de l'épidémie cholérique, le restant affaibli des miasmes paludéens que nous avait apportés le choléra.

Les cas d'insolation ont été assez fréquents. Là comme ailleurs, ils sont dus à l'action du soleil dans les tranchées et à l'absence de toute précaution de la part des ouvriers qui ne veulent pas, comme les Arabes, se couvrir la tête.

En résumé, malgré les travaux, malgré les mouvements de terrains qui ont été exécutés, la santé du Seuil a été aussi satisfaisante que possible.

Circonscription d'Ismaïlia.

Nous voici dans la capitale de l'isthme, au centre

du canal, de l'administration des travaux et du gouvernement.

On connaît la magnifique position d'Ismaïlia avec son lac, son canal d'eau douce et bientôt son chemin de fer ; avec son sol sec et salubre, mais pouvant être irrigué et produire une végétation luxuriante. Cette situation s'est en quelque sorte complétée par le lac Timsah qui est aujourd'hui rempli et de niveau avec la Méditerranée. C'est une grande nappe d'eau, un vaste port de 100 kilomètres carrés. Quelques personnes pensent ou croient avoir remarqué que cette étendue d'eau exerce déjà quelque influence sur l'atmosphère d'Ismaïlia, qu'il est devenu moins sec et que les rosées sont plus abondantes. Je crois qu'il faut attendre avant de se prononcer. Dans tous les cas il ne peut y avoir influence qu'en bien.

Pour ne pas interrompre le cours de ce rapport, je donne à la fin l'analyse des eaux du lac comparées avec celles de la Méditerranée, et j'indique les avantages que l'on pourrait en obtenir en y établissant des bains.

Voici le résumé de l'état sanitaire de la circonscription d'Ismaïlia pour l'année 1866-1867. Je l'extrais des observations faites par le docteur Companyo, médecin de cette circonscription :

« L'état sanitaire pendant l'année 1866-67 a été
» très-satisfaisant. La température a été excellente,
» l'hiver très-doux (1), c'est à peine si la chaleur

---

(1) Voir les tables météorologiques dressées par M. Aillaud, pharmacien de la Compagnie.

» jusqu'à présent a été incommode. Les mois d'avril » et de mai se sont écoulés, contre l'habitude, pour » ainsi dire sans kamsim. L'eau du canal d'eau » douce s'est maintenue à une certaine hauteur; » elle a constamment été bonne et son abondance a » permis de cultiver les jardins sur une assez » grande échelle, de façon à augmenter le bien-être » par l'addition facile de légumes et de fruits au ré- » gime journalier. Les vivres sont abondants, gé- » néralement de bonne qualité, ainsi que le vin. Avec » de pareilles conditions, il serait difficile de ne pas » admettre que l'état sanitaire ne pût être excellent.

» Il serait à désirer seulement que le prix des » denrées diminuât, et il a, au contraire, une tendance » à s'élever. »

Quant aux maladies, le cadre, par rapport aux habitants d'Ismaïlia, en serait très-restreint et les malades peu nombreux, s'il n'affluait de tous côtés des individus européens et arabes venant ou chercher du travail ou pour faire du commerce. C'est ici comme à Port-Saïd : ils arrivent sans ressources, à l'aventure; ne trouvant pas toujours à s'employer tout de suite, leur misère augmente, et ils viennent à l'hôpital dans un état complet d'épuisement. Les Grecs ont une expression qui peint bien leur état : *Adynamié,* disent-ils; ce qui est pour eux le résultat de la misère, de la faim et des privations de toute espèce.

Ismaïlia a quelque chose d'attractif; le public a deviné la salubrité de sa position; les malades de tous les points de l'isthme y viennent quand ils le peuvent; il en vient même de Zagazig, d'Alexandrie et du Caire, ce qui met de fort mauvaise humeur le médecin de la circonscription, qui voit augmenter le chiffre de ses malades par des personnes étrangères à la Compagnie et aux entreprises. Les quatre cinquièmes des malades et des morts n'appartiennent pas à Ismaïlia ; ils sont étrangers ; souvent on ne sait d'où ils viennent. Ce qui attire à Ismaïlia, c'est que l'on sait y trouver l'air le plus pur. Les individus ne viennent pas seulement parce qu'ils pensent y rencontrer une position ou du travail ; ils savent aussi qu'il existe là, comme sur toute la ligne du canal, un service de santé organisé, et que s'ils tombent malades ils seront généreusement secourus par la Compagnie.

Cette année le nouvel hôpital d'Ismaïlia a été définitivement installé et organisé ; voilà déjà un an qu'il fonctionne. Chaque bâtiment est entouré de jardins et de plantations ; partout il y a de la verdure. Je crois que cet établissement sera des plus salubres : c'est une véritable oasis et je crains qu'il n'attire trop les malades.

Circonscription du Serapeum.

Cette circonscription, qui naguère faisait le désespoir du service de santé, par suite de son aridité et de sa sécheresse, a subi la transformation la plus inattendue. L'idée de jeter, par le moyen du canal d'eau douce, le Nil au milieu des sables et d'y former de vastes bassins, afin de pouvoir creuser à la drague le canal maritime, a répandu la vie au milieu de ce pays désolé. Mais ce à quoi personne ne se serait attendu, c'est à la filtration des eaux de telle façon qu'au Serapeum, là où le sable était sec et brûlant, il est devenu humide; l'eau a envahi les maisons. Il a fallu établir tout un système de drainage : drainer l'eau douce, l'eau du Nil, dans le désert! On aurait traité d'insensé celui qui, l'année dernière, en aurait émis l'idée. Ceci me rappelle le mot d'un des ministres du vice-roi qui, après avoir visité dernièrement les travaux du canal, disait : « Si, il y a huit jours, quelqu'un m'avait raconté sérieusement ce que je viens de voir, je l'aurais pris pour un fou. »

Nous sommes obligés de faire du drainage, d'épuiser l'eau qui filtre dans le sol, afin d'empêcher l'humidité d'envahir les habitations et combattre la cause la plus puissante des affections rhumatismales, des bronchites, des diarrhées et des ophthalmies. Ces travaux d'assainissement, ordonnés d'urgence par M. le président, ont empêché le Serapeum de devenir inhabitable; le sol s'est desséché et les maisons ont perdu leur humidité. Seulement il ne faudra pas négliger ces travaux tant que les bassins d'eau douce existeront. Cette circonstance inopinée a du reste son bon côté, il y a plus de fraîcheur dans le campement.

Les infiltrations n'ont pas eu de conséquences graves pour la santé; en général elles n'ont eu pour résultat que des indispositions qui ont disparu avec la cause qui les avait produites. L'état sanitaire général est resté bon, grâce aux mesures hygiéniques qui ont été prises.

Les maladies ont été les mêmes que l'année dernière, ni plus fréquentes, ni plus graves, sauf quelques cas de petite vérole. Le fait que j'avais déjà signalé relatif à la quantité et à la gravité des pneumonies chez les noirs et les Barbarins, et qui se produit chaque hiver par suite de l'abaissement de température, s'est encore manifesté cette année. Pour ces individus venantde la Nubie et du Sennaar, l'Égypte est un pays froid et ils en subissent la conséquence; tandis que pour nous autres, Européens, l'Égypte est un pays chaud et nous nous trouvons à l'abri des affections graves de la poitrine, mais pas à l'abri des rhumes.

En parlant de la circonscription d'El-Guisr et de ses terrains secs, où le travail se fait à sec et où il n'y a que de l'eau salée, j'ai signalé l'apparition de cas assez nombreux de fièvres intermittentes par suite de causes venant de l'extérieur. Si ces fièvres étaient enfantées par le sol ou les travaux, comment la circonscription du Serapeum en aurait-elle été exempte? Les travaux se font non dans l'eau salée, mais dans l'eau douce; le sol est imprégné d'eau douce; le Serapeum a été comme inondé : il y a là toutes les conditions pour donner naissance à des miasmes paludéens et il n'y a pas eu de fièvres.

Je dois aussi mentionner un travail important qui s'est exécuté cette année par des ouvriers indigènes envoyés par le vice-roi; le canal d'eau douce qui lui a été rétrocédé a été mis à sec, curé et recreusé sur tout son parcours, depuis Ismaïlia jusqu'à Suez. Ce travail a duré six semaines; il y avait 15,000 hommes; le nombre des malades a été à peu près insignifiant. Nous avons fait sur ce même canal un travail d'élargissement dans du rocher et à la mine par des Européens ; il y a eu là 600 travailleurs campés et pas de malades.

En résumé, le Serapeum et sa circonscription, qui nous avaient inspiré de vives appréhensions par suite de sa position et de ses vastes réservoirs d'eau douce, jouit aujourd'hui d'une santé aussi bonne que celle des autres circonscriptions. Ses approvisionnements sont réguliers, les légumes frais et les fruits mêmes n'y manquent pas. L'état sanitaire de ce campement est assuré, seulement il faut bien veiller à ce que les eaux ne l'envahissent plus.

Circonscription de Chalouf.

Cette circonscription mérite une attention toute spéciale, non-seulement par suite des travaux qui ont été déjà exécutés, mais par suite de ceux qui vont s'exécuter.

Des bancs de rochers ayant été trouvés sur plusieurs points de cette circonscription, il a été décidé, par crainte d'en rencontrer de nouveaux et pour plus de sécurité, d'effectuer le travail à sec. Déjà les chantiers sont établis et s'étendent jusqu'à l'extrême limite du grand lac Amer, à 25 kilomètres de Chalouf. Les petits lacs seront creusés à la main. Cette nouvelle disposition exigera un plus grand nombre d'ouvriers et nous avons déjà établi, sur l'élévation qui sépare les petits lacs des grands lacs, une ambulance avec un aide-médecin, afin de porter les premiers secours et diriger par le canal d'eau douce les malades sur l'hôpital de Chalouf, où nous avons concentré tout le service.

Dans la circonscription de Chalouf, nous ne sommes plus sur des terrains secs et sablonneux, nous avons affaire à des terrains de toute nature, et surtout à des terrains durs et argileux, où çà et là on rencontre de l'eau salée. Que se passera-t-il dans ces terrains par rapport à la santé? Si nous interrogeons le passé, nous pouvons être complétement rassurés. Le travail qui a été exécuté cette année ne nous a pas fourni un grand nombre de malades, et la plupart des maladies ont été produites non par des causes locales, mais par des causes individuelles ou accidentelles. Ainsi, la principale a été le coucher en plein air lorsqu'il faisait chaud, et l'encombrement dans les baraques mal closes pendant la saison froide. Si l'on veut que la santé ne soit pas atteinte, il faut veiller à ce que chacun soit bien abrité.

Ce qui est plus difficile, c'est d'empêcher les excès et faire que les travailleurs se nourrissent mieux. A Chalouf comme ailleurs, c'est à peu près impossible; comment empêcher de boire des alcools, comment forcer l'ouvrier qui travaille à bien vivre? Les approvisionnements ne manquent pas, ils sont de bonne qualité; mais beaucoup d'ouvriers font des économies exagérées, et vont jusqu'à se priver de ce qui est nécessaire pour réparer leurs forces : de là les maladies; ils ne comprennent pas, les malheureux, que la première et la meilleure des spéculations est la conservation de la santé.

Je citerai un fait à ce sujet : à El-Guisr, il y avait un chantier d'Arabes qui travaillaient admirablement, et qui étaient à la tâche; le tâcheron, homme intelligent et qui parlait leur langue, était parvenu à faire comprendre à ses Arabes qu'il y avait avantage pour eux et pour lui à se bien nourrir. Ils se mirent à manger de la viande et du pain européen, et ils produisirent un travail qui couvrit au delà de leur dépense. Ils disaient en arabe : « Pain et viande, argent beaucoup. » Malheureusement tous les Européens ne sont pas aussi intelligents.

Je suis intimement convaincu que les ouvriers européens qui se nourrissent bien, qui ne font pas d'excès et qui sont convenablement logés, ont moins à craindre pour leur santé qu'en Europe. Quant aux ouvriers arabes, ils causent peu d'embarras et chargent peu le cadre des maladies; ils travaillent à la tâche; lorsqu'elle est finie et qu'ils se sentent fatigués, ils s'en vont. Ils dépensent leurs forces pour gagner de l'argent, et vont dépenser leur argent pour gagner des forces. Ne serait-ce pas à cette intermittence dans le travail que serait dû le peu de maladies qui se remarquent parmi les travailleurs arabes.

La tranchée vis-à-vis du campement est terminée; le canal est creusé à sa profondeur, 8 mètres. On n'a pas remarqué que ce travail ait eu une influence sur la santé. Au kilomètre 83 se trouve un des chantiers dépendant de Chalouf; là, le travail est tout différent; il est identique à celui du Serapeum. L'eau douce a été amenée dans le canal maritime et les dragues fonctionnent pour l'approfondir. Cette partie que l'on appelle la plaine de Suez est basse, humide et au niveau de la mer Rouge. Là, plus de sable, mais des terrains compactes, argileux. La santé des travailleurs a été la même que dans le reste de la circonscription.

L'alimentation est aussi satisfaisante que possible. Le commerce amène des approvisionnements de Port-Saïd, de Suez et du Caire.

Quant aux maladies, elles sont ce qu'elles étaient l'année dernière, ni plus nombreuses ni plus graves. Seulement, l'état sanitaire s'est beaucoup amélioré par suite de la disparition de la fièvre algide qui avait frappé cette circonscription. La santé est, on peut l'affirmer, excellente.

Circonscription de Suez.

L'installation des dragues dans la mer Rouge, creusant l'entrée du canal, la création de plusieurs kilomètres de quais, les remblais jetés derrière ces quais et formant terre-plein, ont donné à cette circonscription une importance tout exceptionnelle. Le travail est entrepris et marche avec activité sur toute la ligne. Les ateliers, les magasins et le service de l'entreprise se sont établis sur le terre-plein, en pleine mer Rouge; là où il y a quelques mois on naviguait encore, il y a des quais et des maisons. Comme position, on ne peut rien trouver de plus beau et de plus grandiose; comme situation sanitaire, on ne peut demander mieux.

Un moment on a pu croire que les terres extraites du fond de la mer seraient inhabitables pendant quelque temps; mais on a rencontré un gros sable qui a permis à l'eau de s'écouler avec rapidité, de sorte que les terrains deviennent habitables en quelques jours. C'est à peine s'il y a eu des malades. Déjà le commerce s'est installé sur le terre-plein; il est bien approvisionné; les denrées arrivent de Port-Saïd et de Suez. L'alimentation est facile et de bonne qualité.

Dans la plaine de Suez, les travaux sont en pleine activité, la tranchée est ouverte sur toute la ligne. Ici le travail se fait à la main dans les terrains vaseux et argileux. Ce sont eux qui nous donnent les quelques malades que nous avons à l'hôpital. Du reste la santé de cette circonscription ne laisse rien à désirer.

Au sujet de Suez, qui est le port d'arrivage de la mer Rouge, de la mer des Indes et qui va devenir l'un des points les plus importants du globe, par suite de l'embouchure du canal et des relations entre les différents continents, je signalerai les tentatives dites sanitaires et qui sont à l'ordre du jour, pour arrêter les invasions du choléra. Que la commission sanitaire internationale de Constantinople, qui croit pouvoir arrêter une épidémie, sollicite une série de mesures sanitaires plus ou moins praticables, cela ne nous regarde pas; mais qu'elle proclame, en cas d'épidémie, le blocus de l'Égypte et par conséquent du canal, c'est une autre question. Que par suite de ces menaces, on tente d'établir des lazarets à proximité du canal maritime, que l'on forme ainsi des foyers d'infection à l'embouchure du canal dans la mer Rouge et même dans la Méditerranée, ce sont des faits, des tentatives sur lesquels j'appelle l'attention toute spéciale de M. le président-directeur de la Compagnie.

C'est déjà bien assez que, par suite du commerce clandestin des esclaves, Suez ait de temps à autre des cas de petite vérole; que chaque année, malgré la bonne volonté du gouvernement égyptien, les pèlerins, en s'accumulant, fassent de Suez un foyer d'infection menaçant pour l'Egypte, pour le canal et pour nos chantiers.

Il est de mon devoir, comme médecin en chef de la Compagnie, de signaler ces tentatives, ces faits qui pourraient avoir les plus graves conséquences et dans le présent et dans l'avenir.

CONCLUSION.

La position de l'isthme est des plus salubres.

La santé est revenue à son état normal, comme avant l'épidémie de choléra, c'est-à-dire meilleure qu'en France.

La santé de nos établissements est admirable, il ne faut donc pas y laisser porter atteinte.

Veuillez, Monsieur le président-directeur, agréer l'assurance de mon entier dévouement.

Le Médecin en chef, L. AUBERT-ROCHE.

ANNEXES.

EAUX DU LAC TIMSAH.

Les eaux de la Méditerranée ont fait de ce lac presque à sec une mer, un vaste port intérieur qui, comme je l'ai dit, a plus de 100 kilomètres carrés de superficie. Sa profondeur va jusqu'à 8 mètres. Sur ces bords et surtout près d'Ismaïlia se trouvent de belles plages d'un sable fin, où se balance une eau pure et limpide.

Nous nous sommes demandé si ces eaux ne pourraient être utilisées au point de vue de la santé ; si cette magnifique position du lac, avec son beau climat, son air sec, tonique pendant l'hiver, fortifiant pendant l'automne et le printemps, c'est-à-dire pendant neuf mois de l'année, ne pourrait pas faire d'Ismaïlia une ville de bains de mer, lorsque le froid et les frimats forcent les malades et les baigneurs à abandonner les établissements d'Europe.

Des bains sont déjà organisés pour l'usage des habitants d'Ismaïlia; bientôt nous pourrons dire les services qu'ils ont rendus et les effets qu'ils ont produits sur la santé des individus.

Voici l'analyse des eaux du lac faite par M. Aillaud, pharmacien du service de santé d'Ismaïlia, comparée avec l'analyse des eaux de la Méditerranée par M. Usiglio.

Analyse des eaux du lac Timsah.

Température de l'eau 27°,5. Air ambiant 28°,7.

Densité = 1.0390 à × 25°.

Diverses combinaisons contenues dans un litre d'eau.

Chlorure de sodium	42,797
— de potassium	0,715
— de magnésium	4,640
— de calcium	2,230
Sulfate de magnésie	4,260
— de chaux	1,200
Bromure de sodium	0,782
— de magnésium	0,019
Silice et matière organique	0,407
Carbonate de chaux	Traces
	57,050

L. AILLAUD.

Analyse des eaux de la Méditerranée.

Densité = 1.0258 à × 21°.

Diverses combinaisons contenues dans un litre d'eau.

Chlorure de sodium	29,424
— de potassium	0,505
— de magnésium	3,219
Sulfate de magnésie	2,477
Chlorure de calcium	6,080
Sulfate de chaux	1,357
Carbonate de chaux	0,114
Bromure de sodium	0,556
Peroxyde de fer	0,003
	43,735

Ainsi les eaux du lac contiennent 57,050 de sels par litre, tandis que la Méditerranée n'en contient que 43,735 et le lac a été rempli par les eaux de la Méditerranée. Ce fait paraîtra un peu extraordinaire, mais il devient facile à comprendre, si l'on réfléchit que le sol de ce lac, desséché depuis des milliers d'années peut-être, est formé d'une couche de sels qui dans certains endroits a plus d'un mètre d'épaisseur, que le niveau du sol étant à 7 mètres au-dessous du niveau de la mer, il y avait des filtrations continuelles qui dans certains endroits entretenaient de larges flaques d'eau et en faisaient un sol marécageux; enfin sous la couche de sel il a été constaté qu'il existait une couche d'eau saturée de sels divers. M. Aillaud a recueilli de l'eau du lac avant l'arrivée de la Méditerranée et en a fait l'analyse; en voici le tableau :

TABLEAU SYNOPTIQUE

Des diverses combinaisons contenues dans un litre d'eau du lac avant l'arrivée des eaux de la Méditerranée.

Chlorure de sodium	128,540
Id. potassium	1,050
Id. magnésium	4,120
Id. calcium	2,250
Bromure de sodium	1,407
Id. magnésium	0,600
Sulfate de magnésie	1,986
Id. chaux	0,578
Silice	1,800
Carbonate de chaux et phosphate de magnésie	Traces
Acide apocrénique et matières extractives	Faibles traces
Total	142,331

Cette quantité de sels contenus dans les eaux primitives du lac rendent compte de la différence qui existe entre les eaux actuelles et celles de la Méditerranée.

Quant à l'action des eaux du lac sur l'économie, on ne peut en juger que par analogie; on connaît l'effet des bains de mer, leur action fortifiante, surtout dans les cas d'atonie générale, ce qui est assez fréquent parmi les Européens dans les pays chauds et par conséquent dans l'isthme. La quantité de sels contenus dans les eaux du lac ne lui donnera-t-elle pas une efficacité plus grande, surtout par la présence des bromures, beaucoup plus considérables que dans la Méditerranée. Sans entrer dans les détails, nous sommes convaincus que les bains du lac produiront les meilleurs effets sur la santé publique et particulière.

MÉTÉOROLOGIE.

L'année dernière, les variations de température ont été sensibles pendant les mois de décembre, janvier et février; les vents d'ouest et de sud-ouest ont été violents. Au printemps, dans les mois de mars, avril et mai, le kamsin a été fréquent.

Cette année la saison d'hiver a été douce, peu de vent, mais quelques pluies d'orage. A peine si les vents du sud se sont fait sentir au printemps. La température a été on peut dire régulière; elle a eu un effet bien marqué sur la constitution médicale de l'isthme : les bronchites, les affections rhumatismales et les diarrhées ont été moins fréquentes et moins intenses que l'année dernière.

Du reste, on peut s'assurer de la différence qui a existé dans la température et les vents, en comparant les tables de 1866-1867 ci-après avec celles de 1865-66 que nous avons publiées dans notre rapport de l'année dernière.

En examinant les colonnes relatives à l'hygrométrie, on remarquera que la moyenne des chiffres à Ismaïlia, dans les cinq derniers mois, a été de 76-68, tandis que, l'année dernière, ces chiffres n'étaient que de 69-57. Cette différence dans l'humidité de l'atmosphère paraîtrait due au lac Timsah, qui a été rempli par les eaux de la Méditerranée.

Cependant la même différence se remarque dans les chiffres de Port-Saïd, mais en sens contraire : l'année dernière les chiffres étaient de 77-81 ; cette année ils sont de 67-65.

Or, rien n'a changé à Port-Saïd comme étendue d'eau. Ce serait donc à d'autres circonstances qu'il faudrait attribuer ces variations hygrométriques.

IMPRIMERIE CENTRALE DES CHEMINS DE FER.
A. CHAIX ET Ce, RUE BERGÈRE, 20, A PARIS. — 7444

PORT-SAID

Observations météorologiques du 1er juin 1866, au 31 juin 1867, par le docteur Zarb, médecin de la Compagnie.

1. — *Thermométrie.*

MOIS	MOYENNES					MAXIMA		MINIMA		TEMPÉRATURE
	DES MAXIMA	DES MINIMA	DU MOIS	THERMALES AU SOLEIL	DES ÉCARTS ENTRE LES MAXIMA ET LES MINIMA	PLUS HAUTS	PLUS BAS	PLUS HAUTS	PLUS BAS	MOYENNE DU PÉRIODE
Juin (1864)	27.2°	21.9°	24.3°	34.9°	5.7°	30	26	23	20	Période des chaleurs J. M. 26. 1°.
Juillet	30.7°	24.3°	27.5°	35.1°	6.9°	33	27	24	20	
Août	31.1°	24.0°	26.8°	35.4°	7.7°	33	27	23	19	
Septembre	28.9°	23.4°	26.1°	33.8°	6.7°	30	26	24	20	
Octobre	27.0°	22.0°	24.1°	34.0°	7.9°	29	24	24	20	Saison tempérée J. M. 20. 2°.
Novembre	23.4°	18.1°	20.8°	30.2°	6.7°	26	23	22	16	
Décembre	18.1°	13.0°	15.8°	24.9°	6.5°	23	20	14	10	
Janvier (1867)	16.6°	12.8°	14.5°	23.6°	5.6°	19	15	14	10	Période du froid J. M. 16. 6°.
Février	17.4°	13.4°	15.9°	24.0°	6.0°	19	16	15	11	
Mars	21 9°	15.7°	19.5°	31.6°	7.1°	25	20	16	12	
Avril	23.6°	17.0°	20.8°	33.0°	6.9°	26	22	19	15	Variable J. M. 21. 6°.
Mai	26.0°	20.0°	22.5°	33.7°	6.0°	29	24	20	16	

2. — *Hygrométrie.*

MOIS.	MOYENNES DE L'ÉTAT HYGROMÉTRIQUE			PLUIE.	ROSÉE.	NOMBRE des	OZONE MOYENNE	
	MATIN.	MIDI.	SOIR.	MILLIMÈTRES.	GRAMMES.	BROUILLARDS.	JOUR.	NUIT
Juin 1866	68°	62°	67°	4	15	1	6.4	7.6
Juillet	67°	61°	68°	»	15	»	6.9	9.0
Août	65°	60°	67°	»	55	»	9.5	9.6
Septembre	70°	56°	62°	6	100	»	7.8	8.9
Octobre	68°	57°	63°	14	60	»	8.4	9.0
Novembre	63°	60°	66°	6	150	3	7.9	7.0
Décembre	78°	66°	74°	13	15	»	8.4	9.4
Janvier 1867	77°	68°	72°	21	20	1	9.0	8.8
Février	72°	60°	64°	6	60	5	6.2	7.0
Mars	69°	56°	68°	7	140	9	5.9	9.0
Avril	66°	58°	67°	»	40	3	6.8	7.7
Mai	70°	62°	72°	»	60	»	8.5	9.9

3. — *Barométrie, Vents, etc.*

MOIS.	BAROMÈTRE A 0°			VENTS les plus FRÉQUENTS.		Kamsin.	Orages.	Éclairs.	Tempêtes.	ÉTAT DU CIEL.			
	Plus haut.	Plus bas.	Moyenne.							Beau.	Nuageux.	Couvert.	Pluvieux.
Juin 1866	760	756	757.9°	N.	N.-N.-O.	4	2	2		100	30	20	0
Juillet.	759	754	756.5°	N.	N.-N.-O.					90	60	5	0
Août	760	754	757.1°	N.	N.-N.-O.					100	40	15	0
Septembre. . . .	759	755	758.5°	N.-O.	N.-N.-O.		1	4		85	40	25	5
Octobre	764	756	761.2°	N.-O.	O.-N.-O.					70	60	15	10
Novembre	765	760	763.0°	O.	S.-O.		1	3		80	40	20	10
Décembre	767	762	765.4°	S.-O.	O.-S.-O.					60	60	25	10
Janvier 1867. . .	767	760	764.7°	S.-O.	O.					70	50	20	15
Février	766	761	765.0°	O-N-O	O.		1			70	40	20	10
Mars.	764	762	760.2°	N.	N.-E.	9	1			130	10	10	5
Avril	764	760	761.4°	N.-E.	N.-O.	7	1			135	10	5	0
Mai..	763	756	758.9°	N.-O.	N.	3				140	15	0	0

4. — *Résumé météorologique.*

PÉRIODE.	MOYENNES DU PÉRIODE.				VENTS les plus fréquents.			ORAGES et Kamsin.	MOYENNES. JOURS			Moyenne des malades par jour	Décès par période.	Tant p. 0/0 de malades sur la pop. par pér.	Tant p. 0/0 de décès sur la pop. par période.
	Therm.	Et. Hygr.	Bar.	Ozone.					de soleil	demi-couvert.	couvert.				
Des chaleurs	26.1°	65°	757.7°	8.5°	N-N-O.	N.	N.-O.	6	90	40	20	»	»	»	»
Tempéré...	20.2°	66°	763.2°	8.7°	N.-O.	O.-N-O.	O.	1	70	50	30	»	»	»	»
Froid......	16 6°	67°	763.3°	7.8°	S.-O.	O-S.-O	O-N.-O.	11	90	20	30	»	»	»	»
Variable...	21.6°	65°	760.1°	8.1°	N. E.	N.-O.	N.	11	140	30	10	»	»	»	»

Port-Saïd, le 1er juin 1867. Dr ZARB.

ISMAILIA.

Observations météorologiques, du 1er juin 1866 au 31 mai 1867, par M. Ailliaud, pharmacien de la Compagnie.

Thermométrie.

MOIS.	MOYENNES			MAXIMA		MINIMA		TEMPÉRATURE MOYENNE DU PÉRIODE.
	Des Maxima.	Des Minima.	De Mois.	Plus hauts.	Plus bas.	Plus hauts.	Plus bas.	
Juin 1866	33.0	23.9	27.6	38	29	29	20	Période des Chaleurs M. 28.2
Juillet	35.5	25.7	29.3	38	34	28	23	
Août	38.2	24.2	29.3	36	32	26	22	
Septembre	32.8	23.8	26.7	36	29	26	22	
Octobre	28.5	19.4	22.6	33	22	24	14	Saison tempérée 18.2.
Novembre	22.5	14.4	17.6	25	19	18	11	
Décembre	19.4	10.9	14.3	23	16	14	8	
Janvier 1867	19.8	11.8	15.0	22	12	15	10	Période du froid 15.2.
Février	19.1	12.0	13.7	23	14	14	9	
Mars	24.2	12.4	16.9	27	19	15	10	
Avril	26.2	15.1	19.5	31	22	23	11	Variable 21°.0
Mai	29.9	17.8	22.6	36	24	23	15	

Hygrométrie.

MOIS	MOYENNES	PLUS GRANDS ÉCARTS	PLUS PETITS ÉCARTS	MOYENNES du PÉRIODE	PLUIE
Juin 1866	62	30	9	67.2	Le 6, à 2 heures, pluie.
Juillet	66	30	5		
Août	69	29	14		. . . . . .
Septembre	72	27	15		
Octobre	72	35	14	73.3	19 et 23, pluie.
Novembre	75	26	5		1, 10 et 23, pluie; 29, fort brouillard.
Décembre	73	28	10		4, 5, 15, 30, pluie.
Janvier 1867	78	27	18	76.0	7, 8 et 30, pluie.
Février	86	27	3		4, 5 et 21, pluie.
Mars	64	11	13		10, 25, 27 et 28, pluie; 31, fort brouillard.
Avril	68	41	22	68.5	
Mai	69	50	16		2, 7, 9 et 10, pluie.

Barométrie.

MOIS.	PLUS HAUT.	PLUS BAS.	MOYENNES	VENTS PLUS FRÉQUENTS.		ÉTAT DU CIEL.				OBSERVATIONS.
						B.	C.	N.	P.	
Juin	755	745	752	N.	N.-N.-E.	26	3	»	1	
Juillet	753	748	750	N.-N.-E.	N.	31	»	»	»	
Août	755	749	752	N.-N-E.	N.	29	2	»	»	
Septembre	758	752	754	N.	O.	24	6	»	»	
Octobre	760	751	752	N.	O.	28	1	»	2	
Novembre	761	754	756	N.	E.	22	5	»	3	
Décembre	764	753	757	O.	S.-S.-O.	17	7	3	4	Le 10, éclairs et tonnerre.
Janvier	764	752	758	N.	O.	18	6	4	3	
Février	764	756	759	E.	N.-N.-O.	21	1	3	3	Le 14 et le 15, tempête.
Mars	761	750	754	O.	S.	22	3	2	4	Le 6 tempête.
Avril	761	750	755	E.	O.	22	1	7	»	
Mai	757	750	755	E.	N.-E.	21	»	6	4	

Résumé.

	MOYENNES DE PÉRIODE			VENTS PLUS FRÉQUENTS.			JOURS	
	Therm.	Hygrom.	Barom.				Soleil.	Couverts.
Des chaleurs	28.2	67.2	752	N.	N. n. E.	O.	110	12
Tempéré	18.2	73.3	755	N.	O.	S.-S.-O.	67	25
Froid	15.2	76.0	757	O.	N.-N.-O.	S.	61	29
Variable	21.0	68.5	755	E.	O.	N.-E.	43	18

SUEZ.

Résumé des Observations météorologiques.

'Observatoire est placé dans le bureau du Télégraphe du Canal de Suez. — Observateur : M. BRISSAUX, agent du Télégraphe de la Compagnie.

DATES.	BAROMÈTRE. Moyenne. matin. 6h	9h	midi. 12h	soir. 3h	6h	9h	Moyenne du mois.	THERMOMÈTRE. Moyenne. matin. 6h	9h	midi 12h	soir. 3h	6h	9h	Moyenne du mois.	Maxima.	Minima.	REMARQUES.
66).	762.4	762.9	762.3	760.4	760.4	760.8	761.5	24	29	32	33	31	26	29	34	21	Le 12 juin, grand vent (kamsin).
. . . .	759.7	760.3	760 »	759 »	759 »	760.6	759.6	26	30	34	36	34	30	32	38	23	Le 27 juillet, — —
. . . .	761.4	761.6	761.4	760.3	760.4	761.9	761.1	26	30	33	36	33	29	32	37	23	Beau temps.
ore.	763.2	763.8	763.3	762.2	762.2	763.5	763.1	23	27	31	33	31	27	29	35	22	Idem.
. . . .	765.6	763.9	765.3	764.2	764.1	764.7	764.5	20	24	27	29	26	24	25	31	19	Le 19 octobre, grand vent (orage).
re.	765.9	766.8	766.2	765.6	765.9	766.7	766.2	16	19	22	22	21	17	19	24	14	Le 10 nov., orage et pluie; le 21, id.
re.	767.7	768.1	767.6	766.7	767.4	767.9	767.6	10	12	18	19	17	15	15	21	9	Le 11 déc., gros vent; le 24, pluie 2 mill.
(1867)	767 »	767.4	766.4	765.5	766.5	766.9	766.0	11	13	18	19	16	13	15	20	10	Beau temps.
. . . .	769.4	769.7	769.2	768.2	768.5	769.2	769.2	10	14	18	18	15	13	15	20	9	Le 4 février, pluie 2 mill.
. . . .	762 »	762.1	761.6	760.4	760.4	761.1	761.3	13	19	22	23	20	18	19	24	12	Le 24 mars, vent (kamsin) et pluie; le 27, pluie 2 mill.
. . . .	763.4	763.2	762.2	761 »	761.2	762.5	762.2	17	22	26	28	24	20	23	29	15	
. . . .	762.6	763 »	762.4	761.5	761.3	762.4	762.2	20	25	28	29	27	23	25	32	18	Le 7 mai, éclairs; le 8, tonnerre et pluie avec gros vent; le 10, éclairs, tonnerre, grand vent de kamsin; télégraphe interrompu.

Suez, le 25 juin 1867.

Pour copie conforme :

Le pharmacien-économe,

D.-P. THÉODORE.

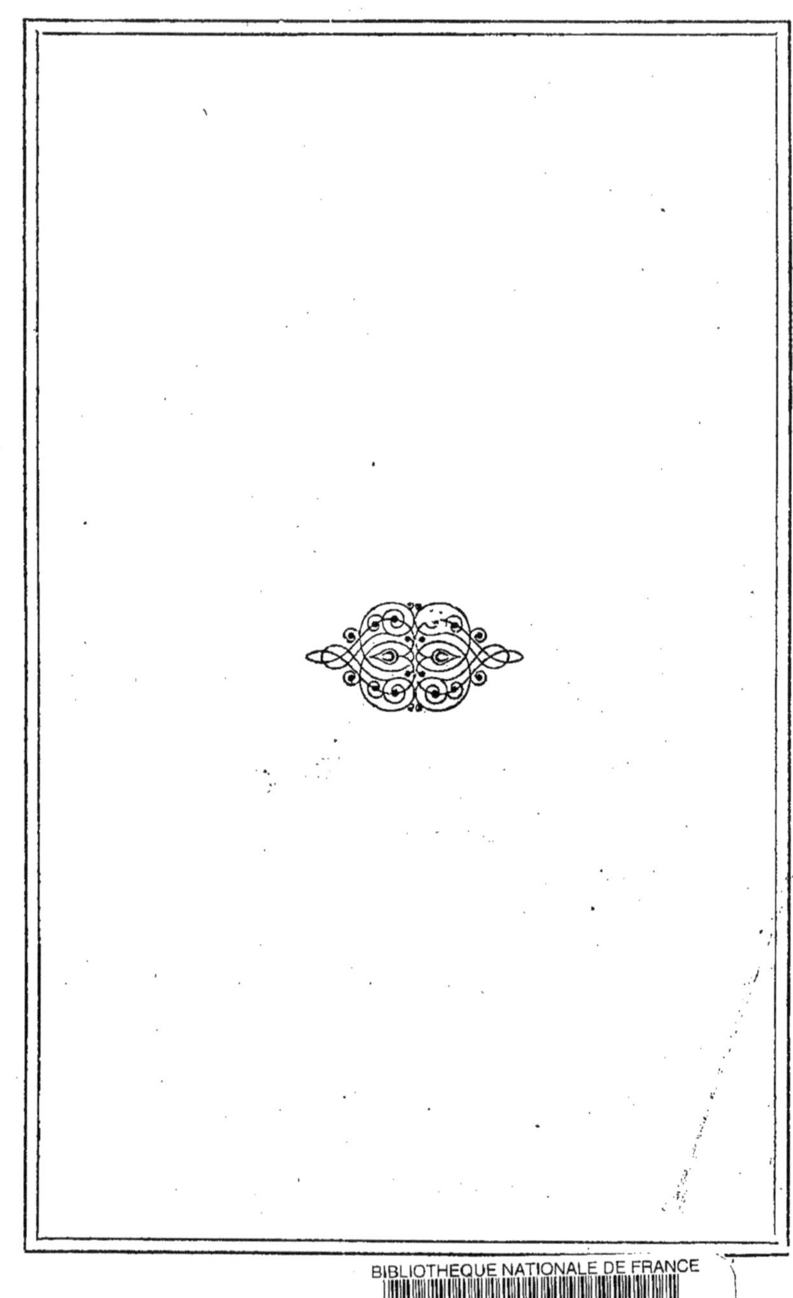

www.ingramcontent.com/pod-product-compliance
Ingram Content Group UK Ltd.
Pitfield, Milton Keynes, MK11 3LW, UK
UKHW020354250726
13967UKWH00005B/2275

9 782013 022408